中等职业教育计算机应用系列规划教材

网络综合布线实训手册

WANGLUO ZONGHE BUXIAN SHIXUN SHOUCE

主 编 ◎ 何文坚

参 编 ◎ 赵国斌 欧钧陶 吴 彬 刘径平

中国人民大学出版社
·北京·

前　言

　　随着网络技术的快速发展，综合布线技术的应用越来越广泛，已经成为计算机类专业学生学习的重要内容。"网络综合布线"是中等职业学校计算机网络专业必修的专业核心课。本书的编写即是根据中等职业学校培养目标和学生的学习状况，立足就业导向、学以致用的原则，以企业需求为根本，以体现学生的实践能力为中心来安排教材内容和设计知识体系的。

　　本书与《网络综合布线》教材配套使用，让学生在进行综合布线实训时，明确网络综合布线的有关规程和实训操作步骤，同时帮助教师快速有效地安排实训任务。本书的使用对象是中等职业学校计算机网络相关专业有一定基础的学生。

　　本书采用了统一、新颖的编排方式，采用项目式编写体例，实训项目分为四个部分：一是网络综合布线系统；二是基本技能实训；三是工程项目综合实训；四是监控设备安装与调试。每个项目的实训任务都主要按"实训目标"、"实训内容"、"实训步骤"、"实训环境"和"教学学时"等结构进行叙述，主要实训项目都要求学生写出实训报告，本书后面也附有实训报告模板。

　　教师在使用本实训手册时，可以根据自己在网络综合布线或者计算机网络技术课中的教学进度，适当安排实训课时，实训内容、顺序和时间可以适当调整。

　　本书的编写得到了珠海市理工职业技术学校在教学资源和教学试验上的大力支持，在此表示衷心的感谢。

　　由于编者水平有限，时间仓促，书中难免存在有不足之处，敬请批评指正。

编者

目　录

项目一

网络综合布线系统

综合布线系统为"通信电缆、光缆、各种软电缆及有关连接硬件构成的通用布线系统，它能支持多种应用系统"。

在学习具体的网络综合布线操作前，学生必须掌握网络综合布线系统的原理和结构，这样才能更好地深入学习。

实训 1 认识综合布线系统

1. 实训目标

（1）熟悉综合布线系统结构；

（2）熟悉各种布线材料以及工具；

（3）熟悉设备间设置要求；

（4）熟悉配线间设置要求。

2. 实训内容

教师带领学生参观教学展示图片、综合布线模拟结构框架、布线实训室实物展示柜、管槽系统展示装置、网络综合布线实训室以及模拟实训墙，并作详细的讲解，阐述日后教学实训要完成的任务和具体使用的工具和设备。

3. 实训总结

通过本实训任务，学生完成实训报告，主要内容为教师的讲解和参观的各种网络综合布线设备、工具和模拟结构，并写出网络综合布线学习的目标和憧憬。

4. 教学学时

1 学时。

实训2　了解网络综合布线各子系统

1. 实训目标

掌握网络综合布线系统各子系统的构成与功能。能根据不同建筑物的实际情况，分辨出设备间，管理、工作区，配线子系统，干线子系统和建筑群子系统的位置与具体实施情况。

2. 实训内容

教师带领学生参观学校网络的具体布线情况，由学生对学校各子系统的情况进行记录，最后写出实训报告。

3. 实训步骤

本实训没有具体的实训步骤，但教师可以根据自己学校网络布线的具体情况，在安全的前提下，分组带领学生近距离观察各子系统的布线情况，可以按照子系统从小到大的顺序进行，尽可能把所有子系统的实际情况都观察到。教师在学生参观每个子系统时，必须现场讲解子系统的功能和实际安装情况。

4. 实训环境

学校各个相关地方。

5. 实训总结

通过本实训任务，学生完成实训报告，主要内容为记录的学校综合布线各子系统具体所在的位置。

6. 教学学时

2 学时。

实训3　综合布线子系统系统图的绘制

1. 实训目标

让学生能更好地掌握综合布线子系统的组成结构和功能。

2. 实训内容

利用 VISIO2010 绘图软件，绘制出综合布线子系统的示意图，写出综合布线系统的重要组成部分，并在示意图上标注出各子系统在学校的具体位置以及实现的功能。具体可参考图 1—1 所示示意图。

3. 实训步骤

● 在 VISIO2010 里面选择详细网络图的类型。

● 然后根据需求手工绘画出各种网络系统图标。

● 加入标注说明、连线。

4. 实训环境

安装了 VISIO2010 软件的计算机机房。

综合布线子系统

综合布线系统是建筑物内或建筑物群之间的模块化信息传输通道，是智能建筑的"信息高速公路"，它既能使语音、数据、图像设备与其他信息管理系统彼此相连，也能使这些设备与外部通信网络连接。

按照每个模块的功能，可以把综合布线系统划分为建筑群子系统、进线间、设备间、干线子系统、管理间子系统、水平子系统和工作区七大子系统。

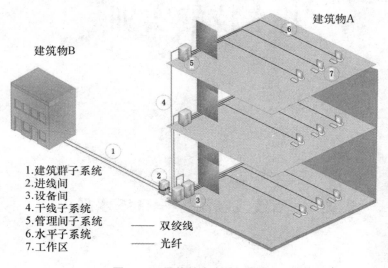

1. 建筑群子系统
2. 进线间
3. 设备间
4. 干线子系统
5. 管理间子系统
6. 水平子系统
7. 工作区

—— 双绞线
—— 光纤

图 1—1　网络综合布线子系统示意图

5. 教学学时

2 学时。

● 项目二

基本技能实训

实训 1　双绞线制作——RJ45 水晶头

1. 实训目标

双绞线的连接头国际上定义为 RJ45，RJ45 水晶头由金属触片和塑料外壳构成，其前端有 8 个凹槽，简称 "8P"（Position，位置），凹槽内有 8 个金属触点，简称 "8C"（Contact，触点），因此 RJ45 水晶头又称为 "8P8C" 接头。端接水晶头时，要注意它的引脚次序，当金属片朝上时，1～8 的引脚次序应从左往右数。

连接水晶头虽然简单，但它是影响通信质量的非常重要的因素：开绞过长会影响近端串扰指标；压接不稳会引起通信的时断时续；剥皮时损伤线对线芯会引起短路、断路等故障等。

RJ45 水晶头连接按 T568A 或 T568B 标准排序。T568A 的线序是：白绿、绿、白橙、蓝、白蓝、橙、白棕、棕。T568B 的线序是：白橙、橙、白绿、蓝、白蓝、绿、白棕、棕。下面以 T568B 标准为例，介绍 RJ45 水晶头的制作步骤。

2. 制作步骤

（1）剥线。用双绞线剥线器或压线钳将双绞线塑料外皮剥去 2～3cm（见图 2—1）。

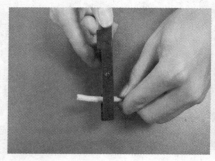

图 2—1　剥线

（2）排线。将绿色线对与蓝色线对放在中间位置，而橙色线对与棕色线对放在靠外的位置，形成左一橙、左二蓝、左三绿、左四棕的线对次序（见图2—2）。

（3）理线。小心地剥开每一线对（开绞），并将线芯按T568B标准排序，特别是要将白绿线芯从蓝和白蓝线对上交叉至3号位置，将线芯拉直压平、挤紧理顺（朝一个方向紧靠，如图2—3所示）。

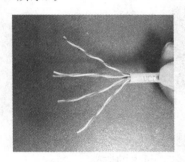 

图2—2 排线　　　　　　　　　图2—3 理线

（4）剪线。将裸露出的双绞线线芯用压线钳、剪刀、斜口钳等工具剪切整齐，只剩下约13mm的长度（见图2—4）。

（5）插线。一只手以拇指和中指捏住水晶头，并用食指抵住，水晶头的方向是金属引脚朝上、弹片朝下。另一只手捏住双绞线，用力缓缓将双绞线8条导线依序插入水晶头，并一直插到8个凹槽顶端（见图2—5）。

图2—4 剪线　　　　　　　　　图2—5 插线

（6）检查。检查水晶头正面，查看线序是否正确；检查水晶头顶部，查看8根线芯是否都顶到顶部（见图2—6）。为减少水晶头的用量，步骤（1）～（6）可重复练习，熟练后再进行下一步。

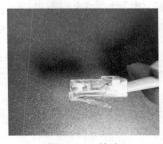

图2—6 检查

（7）压接。确认无误后，将 RJ45 水晶头推入压线钳夹槽，然后用力握紧压线钳，将突出在外面的针脚全部压入 RJ45 水晶头内，RJ45 水晶头即制作完成（见图 2—7）。

图 2—7　压接

（8）制作跳线。用同一标准在双绞线另一侧安装水晶头，完成直通网络跳线的制作。另一侧用 T568A 标准安装水晶头，则完成一条交叉网线的制作。

（9）测试。用综合布线实训台上的测试装置或工具箱中的简单线序测试仪对网络进行测试，会有直通网线通过、交叉网线通过、开路、短路、反接、跨接等显示结果。

RJ45 水晶头的保护胶套可防止跳线拉扯时造成接触不良，如果水晶头要使用这种胶套，需在连接 RJ45 水晶头之前将胶套插在双绞线电缆上，连接完成后再将胶套套上。

3. 实训材料

UTP 超五类双绞线（每人一根，1～2 米），水晶头（每人 6 个）。

4. 实训工具

剥线钳、压线钳、简单线序测试仪。

5. 实训环境

网络综合布线实训室。

6. 实训题目

每人先用两个水晶头进行练习，然后由教师分组进行计时制作，计算制作两条直通线所用的时间，最后测试连通性，并记录结果。时间参考标准：男生 5 分钟；女生 7 分钟。最后每个学生完成实训报告。

7. 教学学时

2 学时。

实训 2　信息插座安装

信息插座由信息面板、信息模块和盒体底座组成，信息模块端接是信息插座安装的关键，须先掌握信息模块端接操作步骤。

1. 实训目标

掌握不同类型信息模块的端接方法以及信息插座的正确安装方法。

2. 信息模块端接操作步骤

信息模块分打线模块（又称冲压型模块）和免打线模块（又称扣锁端接帽模块）两

种，打线模块需要用打线工具将每个电缆线对的线芯端接在信息模块上，扣锁端接帽模块使用一个塑料端接帽把每根导线端接在模块上，也有一些类型的模块既可用打线工具也可用塑料端接帽压接线芯。所有模块的端接槽都有 T568A 和 T568B 接线标准的颜色编码，通过这些编码可以确定双绞线电缆每根线芯的确切位置。以下详细介绍这两种信息模块的端接步骤。

（1）打线信息模块的端接步骤。

端接工具：打线钳（见图 2—8）。

步骤 1：剥线。将线头放入剥线钳剥线刀口，让线头触及挡板，慢慢旋转，让刀口划开双绞线的保护胶皮，拔下胶皮。注意：剥 3cm 长就行了，方法可参考水晶头的制作，如图 2—9 所示。

图 2—8　打线钳

图 2—9　剥线

步骤 2：压线。根据模块面上的图标把线放到模块槽内，放置时线可能会翘起，可以适当地用力把线压进模块槽内固定好。要注意不能完全把线对分开，直接利用线对中间的缝隙压进去。如图 2—10 所示。

步骤 3：压制。把线排好序后，则可以用打线钳压制。垂直把压线钳刀口中间凹部压住网线，找到适合自己用力的手法，用力把打线钳往下压，使上下都结合在一起，此时可以听到清脆的"咔"声。注意：切割口要向外进行压制。如图 2—11 所示。

图 2—10　压线

图 2—11　压制

步骤 4：整理。压制后我们看到在模块面的上面有多余的线头露出来，这样就显得模块比较粗糙。这时可用平头剪刀在模块面的上面水平位置把多余的线头剪掉，或直接用手扭断。

步骤5：对准信息面板的位置，把连接完成的信息模块卡进信息面板。如图2—12所示。

图2—12

（2）免打线信息模块端接步骤。

如图2—13所示为免打线信息模块。

1）用双绞线剥线器将双绞线塑料外皮剥去2～3cm；

2）按信息模块扣锁端接帽上标定的B标（或A标）线序打开双绞线；

3）理平、理直线缆，斜口剪齐导线（便于插入），如图2—14所示；

图2—13　免打线信息模块

图2—14　理平、理直线缆，斜口剪齐导线

4）线缆按标示线序方向插入至扣锁端接帽，注意开绞长度（至信息模块底座卡接点）不能超过13mm，如图2—15所示；

5）将多余导线拉直并弯至反面，如图2—16所示；

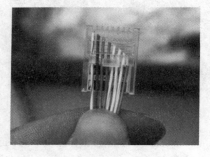

图2—15　线缆插入至扣锁端接帽

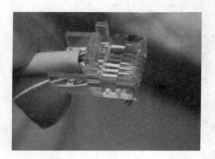

图2—16　导线拉直弯至反面

6）从反面顶端处剪平导线，如图2—17所示；

7）用压线钳的硬塑套将扣锁端接帽压接至模块底座，如图2—18所示，也可用如图2—19所示的钳子压接；

8）模块端接完成，如图2—20所示。

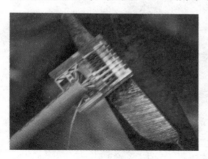

图2—17 从反面顶端处剪平线缆

图2—18 用压线钳的硬塑套压接

图2—19 用钳子压接

图2—20 模块端接完成

3. 信息插座安装步骤

（1）将双绞线从线槽或线管中通过进线孔拉入到信息插座底盒中。

（2）为便于端接、维修和变更，线缆从底盒拉出后预留15cm左右后将多余部分剪去，如图2—21所示。

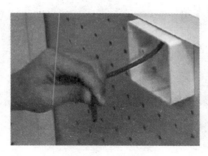

图2—21

（3）端接信息模块（根据模块实际情况参考打线或免打线信息模块制作步骤）。

（4）将容余线缆盘于底盒中。

（5）将信息模块插入面板中，如图 2—22 所示。

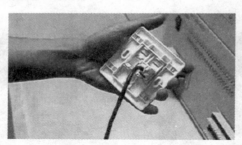

图 2—22

（6）合上面板，紧固螺钉，插入标识，完成安装。如图 2—23 所示。

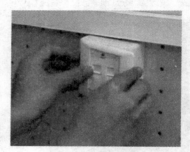

图 2—23

4. 实训材料

UTP 双绞线，各品牌打线式信息模块，免打式信息模块。

5. 实训工具

剥线钳、压线钳、单口打线钳。

6. 实训环境

网络综合布线实训室。

7. 实训题目

分组进行计时制作，利用一条双绞线，一头端接一个打线模块，另一头端接一个免打线模块，最后测试连通性和做工，并记录所用时间及成绩。时间参考标准：男生 8 分钟；女生 10 分钟。最后完成实训报告。

8. 教学学时

4 学时。

实训 3   网络机柜设备上架

1. 实训目的

掌握将网络和布线设备正确安装到网络机柜上的方法，并符合工程安装的要求。此实训需要比较大的空间,而且需要注意安全,因为网络机柜配有玻璃门。

2. 实训步骤

(1)把网络机柜的正面玻璃门以及两侧和后面的保护门卸下,如图 2—24 所示。

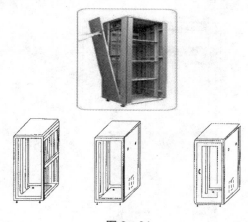

图 2—24

(2)计算即将安装的设备的固定孔高度,在机柜两侧的方孔中安装方形螺母,注意两边一定要平行,螺母之间的距离一定要符合设备的固定孔的距离。

(3)把设备通过专用螺丝固定在所安装的方形螺母上,注意一定要先把四颗螺丝安装到半松紧状态,检查完设备高度和方向无误后再锁紧螺丝。如图 2—25 所示。

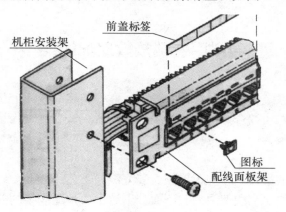

图 2—25

(4)把机柜的四面门都安装回原来的位置,关好玻璃门。

3. 实训材料

机柜配套方形螺母、螺丝,交换机,配线架,理线架。

4. 实训工具

十字螺丝刀,标准 26U 网络机柜。

5. 实训环境

综合布线实训室。

6. 实训题目

分组进行机柜安装，每组 5 人。按照图 2—26 所示安装图进行设备上架实训，熟练操作以时间快慢为评分标准。注意网络设备在上方，布线设备在下方。最后完成实训报告。

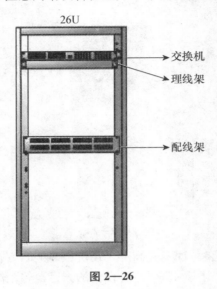

26U

→ 交换机

→ 理线架

→ 配线架

图 2—26

7. 教学学时

2 学时。

实训 4　端接数据配线架

配线架是配线子系统关键的配线接续设备，它安装在配线间的机柜（机架）中，配线架在机柜中的安装位置要综合考虑机柜线缆的进线方式、有源交换设备散热、美观、便于管理等要素。

1. 实训目标

完成两种配线架的端接，掌握正确的安装方法和工艺。数据配线架有固定式（横、竖式结构）配线架和模块化配线架两种。下面分别给出两种配线架的安装步骤，同类配线架的安装步骤大体相同。

2. 固定式配线架安装步骤

（1）横式结构。

1）将配线架固定到机柜合适位置，在配线架背面安装理线环。

2）从机柜进线处开始整理电缆，电缆沿机柜两侧整理至理线环处，使用绑扎带固定好电缆，一般 6 根电缆作为一组进行绑扎，将电缆穿过理线环摆放至配线架处。

3）根据每根电缆连接接口的位置，测量端接电缆应预留的长度，然后使用压线钳、剪刀、斜口钳等工具剪断电缆。

4）根据选定的接线标准，将 T568A 或 T568B 标签压入模块组插槽内，如图 2—27 所示。

线对保持双绞状态

图 2—27

5）根据标签色标排列顺序，将对应颜色的线对逐一压入槽位内，然后使用打线工具固定线对连接，同时将伸出槽位外多余的导线截断，如图 2—28 所示。

打线钳

图 2—28　将线对逐次压入槽位并打压固定

6）将每组线缆压入槽位内，然后整理并绑扎固定线缆，如图 2—29 所示，固定式配线架安装完毕。

图 2—29　整理并绑扎固定线缆

13

（2）竖式结构。

1）为每列模块更换电缆入口使得机架两侧的电缆分布均衡，具体的线缆端接方法与横式结构配线架一样。

2）图2—30演示了处理填充电缆回弯的最佳方法，弯曲线缆后要预留足够的线缆长度用作端接时的损耗，建议预留10cm长度。

3）跳线管理应保持最小弯曲半径（4倍电缆直径）。如果需要，可以将跳线放置在固定器的外面以保持最小弯曲半径。

4）如果布线中跳线确定有足够的长度能够端接到模块化插座，那么在跳线靠近插座底部的地方，制作一个折叠或弯曲。如图2—30所示。

必须要用理线环和扎带固定

要保持一定的弯度和松弛度

图 2—30

3. 模块化配线架的安装步骤

（1）～（3）步骤与横式结构固定式配线架安装过程1）～3）步相同。

（4）按照实训3中信息模块的安装步骤端接配线架的各信息模块。

（5）将端接好的信息模块插入到配线架中。

（6）模块式配线架安装完毕。

4. 配线架端接实例

图2—31（a）所示为模块化配线架端接后机柜内部示意图；图2—31（b）所示为固

定式配线架（横式）端接后机柜内部示意图；图2—31（c）所示为固定式配线架（竖式）端接后配线架背部示意图。

（a）模块化配线架端接后机柜内部示意图

（b）固定式配线架（横式）端接
后机柜内部示意图

（c）为固定式配线架（竖式）端接
后配线架背部示意图

图2—31

5. 实训材料

UTP双绞线、固定式数据配线架、模块式数据配线架、标准网络机柜。

6. 实训工具

剥线钳、压线钳、单口打线钳、PVC扎带。

7. 实训环境

综合布线实训室。

8. 实训题目

学生每5人一组，每组分配一个网络机柜、一个或多个配线架，教师组织每组学生分工把配线架上的所有端口都端接双绞线，制作的效果参照图2—30。然后教师进行评分，评分标准包括连接的正确性和做工是否美观。最后每个学生完成实训报告。

9. 教学学时

6 学时。

实训 5　安装 110 语音配线架

1. 实训目标

掌握 110 语音配线架的端接方法。

2. 实训步骤

（1）将配线架固定到机柜合适位置。

（2）从机柜进线处开始整理电缆，电缆沿机柜两侧整理至配线架处，并留出大约 25 厘米（见图 2—32（a）），用电工刀或剪刀把电缆的外皮剥去（见图 2—32（b）、（c）、（d）），使用绑扎带固定好电缆，使电缆穿过 110 语音配线架左右两侧的进线孔，摆放至配线架打线处（见图 2—32（e））。

（a）把 25 对电缆固定在机柜上

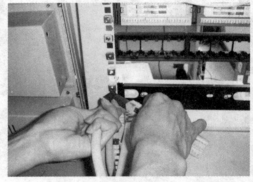

（b）用刀把大对数电缆外皮剥去

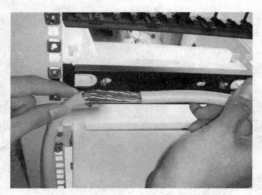

（c）把电缆的外皮剥去

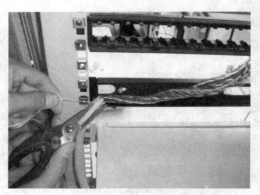

（d）用剪刀把电缆撕裂绳剪掉

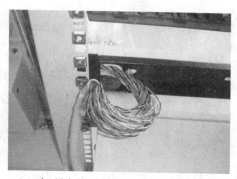

（e）把所有线对插入 110 配线架进线口

图 2—32　整理电缆

（3）对 25 对线缆进行线序排列，首先进行主色分配，再进行配色分配，分配原则如下（见图 2—33）。

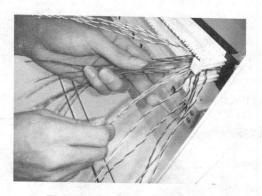

图 2—33　大对数线缆分配原则

通信电缆色谱排列：

线缆主色为（从左到右）：白、红、黑、黄、紫。

线缆配色为（从左到右）：蓝、橙、绿、棕、灰。

一组线缆为 25 对，以色带来分组，一共有 25 组，分别为：

1）白蓝、白橙、白绿、白棕、白灰；

2）红蓝、红橙、红绿、红棕、红灰；

3）黑蓝、黑橙、黑绿、黑棕、黑灰；

4）黄蓝、黄橙、黄绿、黄棕、黄灰；

5）紫蓝、紫橙、紫绿、紫棕、紫灰。

（4）根据电缆色谱（从左到右）排列顺序，将对应颜色的线对逐一压入槽内，然后使用打线工具固定线对连接，同时将伸出槽位外多余的导线截断。如图 2—34 所示。

（5）将线对逐一压入槽内，再用五对打线刀，把 110 语音配线架的连接端子压入槽内，并贴上编号标签。如图 2—35 所示。

（a）按主色排列

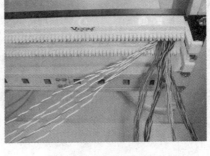

（b）主色里的配色排列

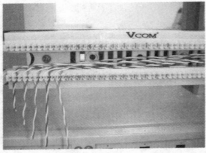

（c）排列后把线卡入相应位置

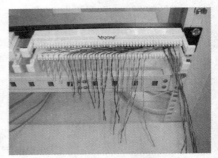

（d）卡好后的效果图

（e）用单用打线刀逐条压入并打断
多余的线（刀要与配线架垂直，
刀口向外）

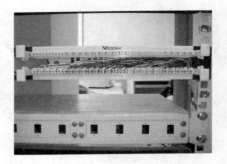

（f）完成后的效果图

图 2—34

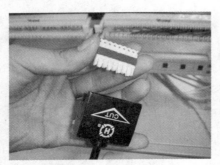

（a）准备好五对打线刀

（b）把端子放入打线刀里

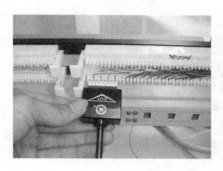 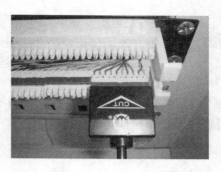

（c）把端子垂直打入配线架里　　　（d）端子共有 6 个，其中 5 个能连
接 4 对线，一个能连接 5 对线

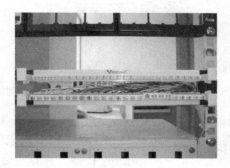 

（e）完成效果图　　　　　　　　　（f）完成后可以安装语音跳线

图 2—35

3．实训材料

25 对大对数双绞线、4 对 UTP 双绞线、19 英寸 110 语音配线架。

4．实训工具

剥线钳、压线钳、110 打线工具、PVC 扎带。

5．实训环境

网络综合布线实训室。

6．实训题目

学生每 5 人一组，每组分配一个网络机柜和一个 110 配线架，教师组织每组学生分工把配线架上的所有端口都端接双绞线。制作成果由教师进行评分，评分标准包括连接的正确性和做工是否美观。最后每个学生完成实训报告。

7．教学学时

4 学时。

实训 6　光纤连接器的互连

1．实训目标

掌握常用光纤耦合器的连接方法。

2. 光纤连接器互连的步骤

光纤连接器的互连端接比较简单，下面以 ST 光纤连接器为例，说明其互连方法。

（1）清洁 ST 连接器。拿下 ST 连接器头上的黑色保护帽，用蘸有光纤清洁剂的棉花签轻轻擦拭连接器头。

（2）清洁耦合器。摘下光纤耦合器两端的红色保护帽，用蘸有光纤清洁剂的杆状清洁器穿过耦合器孔擦拭耦合器内部以除去其中的碎片，如图 2—36 所示。

（3）使用罐装气，吹去耦合器内部的灰尘，如图 2—37 所示。

图 2—36　用杆状清洁器除去碎片　　　图 2—37　用罐装气吹除耦合器中的灰尘

（4）将 ST 光纤连接器插入耦合器中。将光纤连接器头插入耦合器的一端，耦合器上的突起对准连接器槽口，插入后扭转连接器以使其锁定。如经测试发现光能量耗损较高，则需摘下连接器并用罐装气重新净化耦合器，然后再插入 ST 光纤连接器。在耦合器的两端插入 ST 光纤连接器，并确保两个连接器的端面在耦合器中接触，如图 2—38 所示。

图 2—38　将 ST 光纤连接器插入耦合器

注意：每次重新安装时，都要用罐装气吹去耦合器的灰尘，并用蘸有试剂级丙醇酒精的棉花签擦净 ST 光纤连接器。

（5）重复以上步骤，直到所有的 ST 光纤连接器都插入耦合器为止。

注意：若一次来不及装上所有的 ST 光纤连接器，则连接器头上要盖上黑色保护帽，而耦合器空白端或未连接的一端（另一端已插上连接头的情况）要盖上红色保护帽。

3. 实训材料
光纤配线架、ST 光纤跳线（或 ST 连接器）、ST 耦合器。

4. 实训工具
光纤工具箱。

5. 实训环境
网络综合布线实训室。

6. 实训题目
每个学生分配一个耦合器、一条光纤跳线，让学生自己练习如何把光纤接口插进耦合器里，可重复练习。最后每个学生完成实训报告。

7. 教学学时
1 学时。

实训 7　光纤熔接

1. 实训目标

掌握室外和室内光纤熔接的方法。

2. 实训步骤

（1）准备好光纤熔接的工具和材料，分别有室外光缆、光纤尾纤、光纤熔接机、光纤切割刀、室外光缆开缆刀、斜口剪、光纤剥线钳、酒精、无尘纸和光纤配线架等，如图2—39所示。

图 2—39　所需工具材料

（2）先将室外光纤穿过光纤配线架，如图2—40所示。

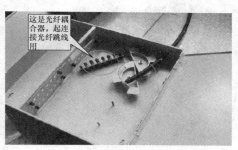

图 2—40

（3）用开缆工具去除光纤外部护套及中心束管，使用酒精擦拭光纤上的保护脂并保护好裁剪处，如图2—41所示。

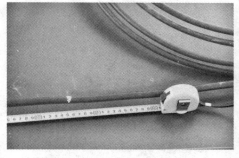

确定室外光缆铠装层裁剪距离　　　　　使用室外光缆开缆刀，进行铠装层去除

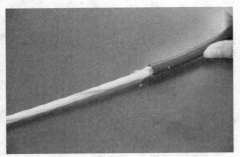

室外光缆成品

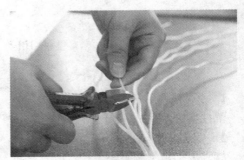

室外光缆加强芯裁剪

松套管切除

使用酒精擦拭光纤上的保护脂

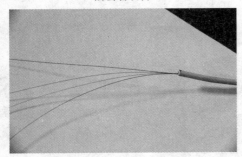

四芯室外光缆完整剥开后

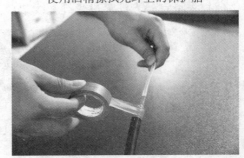

光缆裁剪处用胶带保护

图 2—41

（4）尾纤开剥以及纤芯处理（此步骤同样适应于室外光纤和室内光纤的处理，因此后面不再重复说明），具体操作如图 2—42 所示。

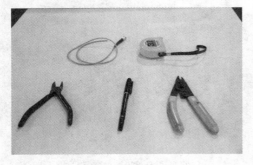

光纤尾纤加工工具

尾纤开剥

裁剪撕拉保护线

把光纤穿进热缩套管内

用 125 口径开剥光纤，开剥距离 3cm

将无尘纸浸泡在酒精中

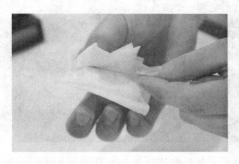

除去光纤涂覆层之后，用蘸满酒精的
无尘纸 90°反转擦拭光纤，发出响声

弹试多次已经擦拭好的光纤，保证光
纤没有余留水分以及光纤没有剥断

图 2—42

（5）用切割刀将光纤切到规范长度，制备光纤端面，将光纤断头放在指定的容器内，室外光纤盒尾纤都要同时切割好。如图 2—43 所示。

把处理完成的光纤放置在光纤切割刀凹槽
上，根据标尺要预留 18mm 纤芯

盖上盖子后，把切割刀移动模块向前
推，打开盖子拿出切割好的光纤

图 2—43

（6）使用光纤熔接机熔接光纤。如图 2—44 所示。

把切割完成的光纤，放入光纤熔接机内，光纤放置于光纤机熔接机的 V 形槽内，并把剥口位卡于 V 形槽端口

完成两端光纤的所有工作后，盖上防尘盖，进行自动熔接

光纤熔接机熔接调试，调试完成后接下熔接按钮

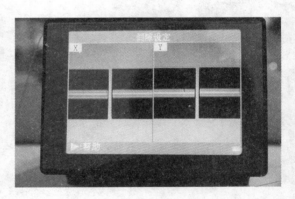

光纤熔接机会进行熔接前的自动校正，校正完成会自动进行放电清洁

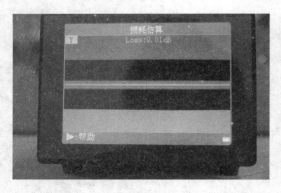

完成熔接后，出现熔接良好画面，并出现精算出的数值，熔接机会提示是否成功，一般损耗少于 0.03dB

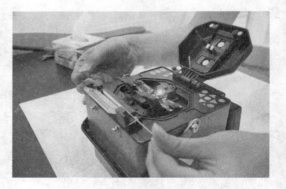

按加热键进行热缩套管的加热

移置好热缩套管的位置，进行熔接点的
加热加固

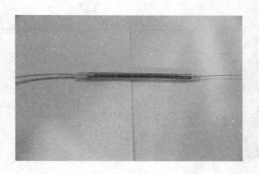

熔接成品

图 2—44

（7）光纤熔接完成后放于光纤配线盒内固定，在固定时必须小心，不要把纤芯损坏，需要熔接多条光纤时，可重复以上步骤（3）～（6）。

注意事项：

1. 开缆就是剥离光纤的外护套、缓冲管。光纤在熔接前必须去除涂覆层，为提高光纤成缆时的抗张力，光纤有两层涂覆。由于不能损坏光纤，所以剥离涂覆层是一个非常精密的程序，去除涂覆层应使用专用剥离钳，不得使用刀片等简易工具，以防损伤纤芯。去除光纤涂覆层时要特别小心，不要损坏其他部位的涂覆层，以防在熔接盒内盘绕光纤时折断纤芯。光纤的末端需要进行切割，要用专业的工具切割光纤以使末端表面平整、清洁，并使之与光纤的中心线垂直。切割对于接续质量十分重要，它可以减少连接损耗。任何未正确处理的表面都会引起由于末端的分离而产生额外损耗。

2. 光纤熔接过程中由于熔接机的设置不当，熔接机会出现异常情况。对光纤进行操作时，光纤不洁、切割或放置不当等因素，会引起熔接失败，具体如表 2—1 所示。

表 2—1　　　　　　　　　　　光纤熔接时熔接机的异常信息和不良接续结果

信息	原因	提示
设定异常	光纤在 V 形槽中伸出太长	参照防风罩内侧的标记，重新放置光纤在合适的位置
	切割长度太长	重新剥除、清洁、切割和放置光纤
	镜头或反光镜脏	清洁镜头、升降镜和防风罩反光镜
光纤不清洁或者镜不清洁	光纤表面、镜头或反光镜脏	重新剥除、清洁、切割和放置光纤清洁镜头、升降镜和反光镜
	清洁放电功能关闭，时间太短	如必要可增加清洁放电时间
光纤端面质量差	切割角度大于门限值	重新剥除、清洁、切割和放置光纤，如仍发生切割不良，确认切割刀的状态
超出行程	切割长度太短	重新剥除、清洁、切割和放置光纤
	切割放置位置错误	重新放置光纤在合适的位置
	V 形槽脏	清洁 V 形槽

续前表

信息	原因	提示
气泡	光纤端面切割不良	重新制备光纤或检查光纤切割刀
	光纤端面脏	重新制备光纤端面
	光纤端面边缘破裂	重新制备光纤端面或检查光纤切割刀
	预熔时间短	调整预熔时间
太细	锥形功能打开	确保"锥形熔接"功能关闭
	光纤送入量不足	执行"光纤送入量检查"指令
	放电强度太强	如不用自动模式时，减小放电强度
太粗	光纤送入量过大	执行光纤送入量检查指令

3. 实训材料、工具

光纤配线架、ST 光纤尾纤、ST 耦合器、室外和室内多模光缆、热缩套管。

光纤工具箱（开缆工具、光纤切割刀、光纤剥离钳、凯弗拉线剪刀、斜口剪、螺丝批头、酒精棉等）、光纤熔接机。

4. 实训环境

网络综合布线实训室。

5. 实训题目

根据各自学校的实际情况，尽量安排学生都能参与光纤熔接的实训，在实训过程中主要由教师进行演示，然后选取学生代表进行实训学习。光纤熔接不需要很快，一定要保证安全和高成功率，成功率是测定成绩的主要标准。最后每个学生完成实训报告。

6. 教学学时

5 学时。

实训 8　线缆测试——Fluke DTX 测试仪

1. 实训目标

掌握利用 Fluke DTX 系列测试仪进行超五类布线系统性能测试的方法。

安装好的布线系统链路如图 2—45 所示，本实训即以该图为参照基础进行实操。

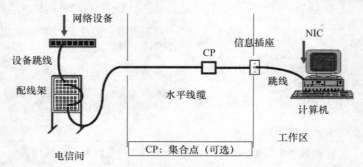

图 2—45　布线系统链路示意图

2. 永久链路测试步骤

（1）利用 Fluke 测试仪的永久链路适配器模块进行永久链路测试，将测试仪主机和远端机连上被测链路，如图 2—46 所示为永久链路测试连接方式。

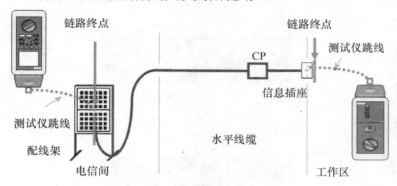

图 2—46　永久链路测试连接方式

（2）按绿键启动 DTX，如图 2—47 左图所示，并选择中文界面。

（3）选择双绞线、测试类型和标准。

1）将旋钮转至 SETUP，如图 2—47 中图所示；

2）选择"双绞线"；

3）选择"线缆类型"；

4）选择"UTP"；

5）选择"Cat 5e UTP"；

6）选择"测试类型"；

7）选择"TIA Cat 6 Perm. Link"（永久链路），如图 2—47 右图所示。

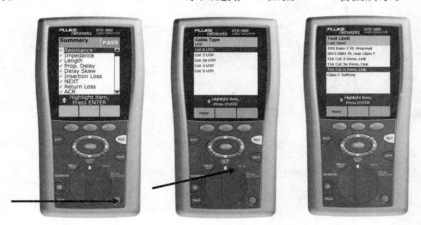

图 2—47　测试步骤

（4）按 TEST 键，启动自动测试，完成一条正确链路的测试。

（5）在 DTX 系列测试仪中为测试结果命名。测试结果名称可以：手动输入、自动递增、自动序列，如图 2—48 所示。

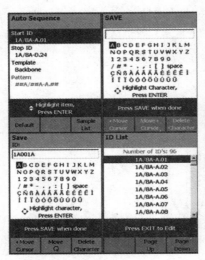

图 2—48

（6）保存测试结果。测试通过后，按"SAVE"键保存测试结果，结果保存于内部存储器中。

（7）通过 USB 线连接到计算机，通过 LinkWare 软件导出测试数据。

3. 信道测试步骤

（1）信道测试中要使用原跳线连接仪表，如图 2—49 所示为信道测试连接方式。

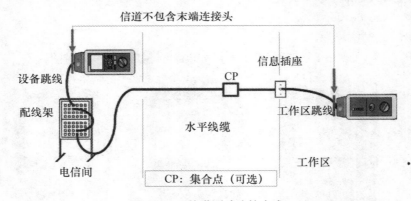

图 2—49 信道测试连接方式

（2）按绿键启动 DTX，如图 2—50 左图所示，并选择中文界面。

（3）选择双绞线、测试类型和标准。

1）将旋钮转至 SETUP，如图 2—50 中图所示；

2）选择"双绞线"；

3）选择"线缆类型"；

4）选择"UTP"；

5）选择"Cat 5e UTP"；

6）选择"测试类型"；

7）选择"TIA Cat 6 channel"（通道），如图2—50右图所示。

图 2—50 信道测试步骤

（4）按 TEST 键，启动自动测试，完成一条通道的测试。

（5）保存与命名方法与永久链路相同。

（6）通过 USB 线连接到计算机，通过 LinkWare 软件导出测试数据。

4. 故障诊断

测试中出现"失败"时，要进行相应的故障诊断测试。按故障信息键（F1 键）会显示故障信息并提示解决方法，再启动 HDTDR 和 HDTDX 功能，扫描定位故障。查找故障后，排除故障，重新进行自动测试，直至指标全部通过为止。

测试注意事项：

（1）认真阅读测试仪使用操作说明书，正确使用仪表。

（2）测试前要完成对测试仪主机、辅机的充电工作并观察充电是否达到 80% 以上。不要在电压过低的情况下测试，中途充电可能造成已测试的数据丢失。

（3）熟悉布线现场和布线图，测试过程也同时可对管理系统现场文档、标识进行检验。

（4）链路结果为"Test Fail"时，可能由多种原因造成，应进行复测再次确认。

---

5. 实训工具

Fluke 线缆测试仪。

6. 实训环境

网络综合布线实训室，已经安装好永久链路的网络环境。

7. 教学学时

4 学时。

8. 实训题目

学生每组测试 10 条永久链路或跳线，把所有测试结果导出到计算机。

实训 9　常用电动工具的使用

1. 实训目标

掌握电动起子和冲击电钻的使用方法。

2. 实训步骤

（1）电动旋具（电动起子）的操作规程，如图 2—51 所示。

1）按使用说明操作。

2）检查电动旋具电池是否有电，安装上大小合适的螺丝批头并检查批头是否安紧。

3）安装螺丝时先要调整好电动旋具的工作方向（电动旋具有顺/逆时针方向）。

安装合适的螺丝批头

把螺丝批头拧紧

调整好电动旋具的工作方向

安装电工面板

安装信息面板

图 2—51　电动旋具的使用

（2）冲击电钻操作规程。

冲击电钻有三种：电钻，只具备旋转功能，特别适合在需要很小力的材料上钻孔，例如软木、金属、砖等。二是冲击钻，依靠旋转和冲击来工作。单一的冲击是非常轻微的，但每分钟 40 000 多次的冲击频率可产生连续的力。冲击钻可用于天然的石头或混凝土。三是电锤，依靠旋转和捶打来工作。单个捶打力非常高，并具有每分钟 1 000～3 000 的捶打频率，可产生显著的力。与冲击钻相比，电锤需要最小的压力来钻入硬材料，例如石头和混凝土，特别是相对较硬的混凝土。

使用电钻时的个人防护：

（1）面部朝上作业时，要戴上防护面罩。在生铁铸件上钻孔要戴防护眼镜，以保护眼睛。

（2）钻头夹持器应妥善安装。

（3）作业时钻头处在灼热状态，应注意以免灼伤皮肤。

（4）钻 $\phi 12\text{mm}$ 以上的钻孔时应使用有侧柄手枪钻。

（5）站在梯子上工作或高处作业应做好高处坠落措施，梯子应有地面人员扶着。

具体安装钻头的步骤如图 2—52 所示。

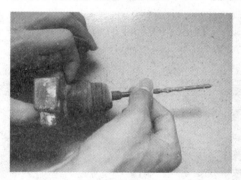
安装合适的钻头

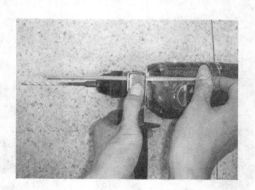
调节深浅扶助器

更换不同尺寸的钻头

可以根据施工的不同，调节工作方式

图 2—52

3. 实训工具

电动旋具、冲击电钻。

4. 实训环境

砖砌墙面和夹板木板。

5. 实训题目

教师安排每组学生一个电动旋具和一个电钻，在安全的情况下，重复练习如何上螺丝和钻孔，最后每组组长记录上十个螺丝的时间和电钻钻孔的效果。最后每个学生完成实训报告。

6. 教学学时

2学时。

实训10　PVC线槽成形基础

1. 实训目标

掌握手工制作各种PVC线槽直角的成形方法。

2. 实训步骤

（1）PVC线槽水平直角的成形步骤（以24mm×12mm PVC线槽为例），如图2—53所示。

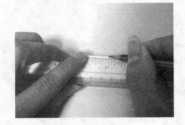
先对线槽的长度进行定点

以点为顶画一直线

以直线为直角线画一个等腰三角形，底长48mm，腰长32mm

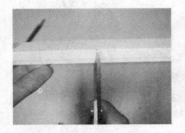
以线为边进行裁剪

把三角形和侧面剪去

裁剪后的效果

把线槽弯曲成形

图 2—53　水平直角成形

（2）PVC 线槽非水平直角的成形步骤（以 24mm×12mm PVC 线槽为例），如图 2—54、图 2—55 所示。

先对线槽的长度进行定点

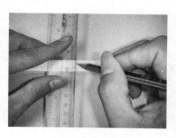

以点为顶画一直线

以直线为直角线画一个等腰三角形，底长 24mm，腰长 16mm

并在线槽另一侧画上线

把这两个三角形剪去

把线槽弯曲成形

图 2—54　内弯角成形

先对线槽的长度进行定点

以点为顶画一直线并以这条线在另一侧定点

在线槽的另一侧画直线

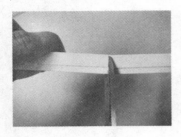  

用剪刀剪线槽两侧　　　　　　　把线槽弯曲　　　　　　最后得到的外弯角

图 2—55　外弯角成形

3. 实训材料

PVC 线槽、PVC 直角、PVC 阳角、PVC 阴角。

4. 实训工具

PVC 线槽剪。

5. 实训环境

网络综合布线实训室。

6. 教学学时

2 学时。

7. 实训题目

每个学生分发一条 1 米长的 PVC 线槽，然后在其上面进行三种弯角的制作，每种弯角至少完成两个，教师最后记录成绩，计分标准是做工和时间。最后每个学生完成实训报告。

实训 11　工作区子系统 PVC 线槽施工

1. 实训目标

通过水平子系统布线路径和距离的设计，熟练掌握水平子系统的设计；通过线槽的安装和穿线等，熟练掌握水平子系统的施工方法。

2. 实训步骤

（1）设计水平子系统的布线路径和方式，并绘制施工图。

（2）独立完成水平子系统线槽的安装和布线，掌握 PVC 线槽、盖板、阴角、阳角、三通的安装方法和技巧。

（3）使用 PVC 线槽设计从信息点到楼层机柜的水平子系统，并且绘制施工图。3～4人成立一个项目组，确定项目负责人，每人设计一种水平子系统布线图，并且绘制图纸，可参考图 2—56。项目负责人指定一种设计方案进行实训。

（4）按照设计图，核算实训材料的规格和数量，掌握工程材料核算方法，列出材料清单。

（5）根据设计图的需要，列出实训工具清单，领取实训材料和工具。

图 2—56

（6）首先量好线槽的长度，再使用电动旋具在线槽上开 8mm 孔，位置必须与实训装置安装孔对应，每段线槽至少开两个安装孔。

（7）使用螺钉把线槽固定在实训装置上，拐弯处必须使用专用接头。

（8）在线槽中布线，边布线边装盖板。

（9）布线和盖板后，必须做好线标。

3. 实训材料

12mm×20mmPVC 线槽、PVC 直角、PVC 阳角、PVC 阴角。

4. 实训工具

PVC 线槽剪。

5. 实训环境

综合布线实训室。

6. 教学学时

4 学时。

7. 实训题目

每个学生分发一条 1 米长的 PVC 线槽，然后在其上面进行三种弯角的制作，每种弯角至少完成两个，教师最后记录成绩，计分标准是做工和时间。最后每个学生完成实训报告。

实训 12　水平子系统的设计——PVC 线管制作

1. 实训目标

通过设计水平子系统的布线路径和距离，熟练掌握水平子系统的设计方法，通过核算、列表、领取材料和工具，训练规范施工的能力。

2. 实训步骤

（1）设计水平子系统的布线路径和方式，并绘制施工图；

（2）按照设计图，核算实训材料规格和数量，掌握工程材料核算方法，列出材料清单；

（3）按照设计图，准备实训工具，列出实训工具清单，独立领取实训材料和工具。

3. 实训材料

直径 12mmPVC 线管、弯管器、PVC 线管直通、管卡。

4. 实训要求

使用 PVC 线管设计从信息点到楼层机柜的水平子系统，并且绘制施工图。3～4 人成立一个项目组，选举项目负责人，每人设计一种水平子系统布线方案，并且绘制图纸，可参考图 2—57。项目负责人指定一种设计方案进行实训。

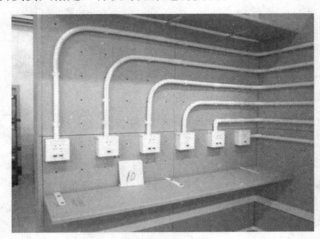

图 2—57

按照设计图，核算实训材料的规格和数量，掌握工程材料核算方法，列出材料和工具清单，领取实训材料和工具。最后每个学生完成实训报告。

实训 13　垂直布线 PVC 实训

1. 实训目的

通过设计垂直子系统的布线路径和距离，熟练掌握垂直子系统的设计方法，通过线槽的安装和穿线等，掌握垂直子系统的施工方法。

2. 实训内容

计算和准备好实验需要的材料和工具，完成竖井内模拟布线实验；合理设计和施工布线系统，要求路径合理，垂直布线平直、美观，接头合理；掌握锯弓、螺丝旋具、电动旋具等工具的使用方法和技巧。

3. 实训工具

40PVC 线槽、接头、弯头等；锯弓、锯条、钢卷尺、十字头螺丝钉旋具、电动旋具、人字梯等。

4. 实训过程

设计使用 PVC 线槽从管理间到楼层设备间机柜的垂直子系统，并且绘制施工图。4人一个项目组，选举负责人，每人设计一个垂直子系统布线方案，负责人指定一种设计方案进行实训。可参考图 2—58。

图 2—58

（1）按照设计图，核算实训材料规格和数量，掌握工程材料核算方法，列材料清单；

（2）按照材料清单，找到负责教师，领取材料和工具；

（3）完成明装布线实训，在实训墙上垂直安装线槽。

5．实训环境

综合布线实训室。

6．教学学时

4 学时。

实训 14　图纸制作

1．相关知识与实训目标

综合布线工程图在综合布线工程中起着关键的作用，设计人员首先通过建筑图纸来了解和熟悉建筑物的结构并设计综合布线工程图，施工人员根据设计图纸组织施工，验收阶段将相关技术图纸移交给建设方。图纸简单清晰直观地反映了网络和布线系统的结构、管线路由和信息点分布等情况。因此，识图、绘图能力是综合布线工程设计与施工组织人员必备的基本功。综合布线工程中主要使用两种制图软件：AutoCAD 和 VISIO2010。也可以利用综合布线系统厂商提供的布线设计软件或其他绘图软件绘制。

综合布线工程图一般包括以下六类图纸，可根据模拟建筑物的网络通信情况绘制相应的工程图。

（1）网络拓扑结构图（如图 2—59 所示）；

（2）综合布线系统图（如图 2—60 所示）；

（3）综合布线管线路由图；

（4）楼层信息点平面分布图（如图 2—61 所示）；

（5）机柜配线架信息点布局图（如图 2—62 所示）；

（6）机柜大样图。

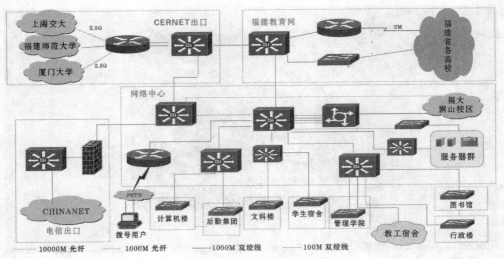

图 2—59　某大学网络拓扑结构图

某大楼综合布线系统图

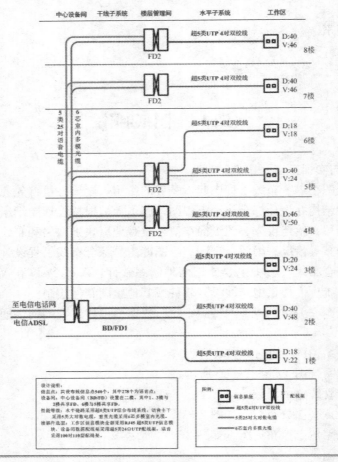

图 2—60　某大楼 1～8 层综合布线系统（数据＋语音）图

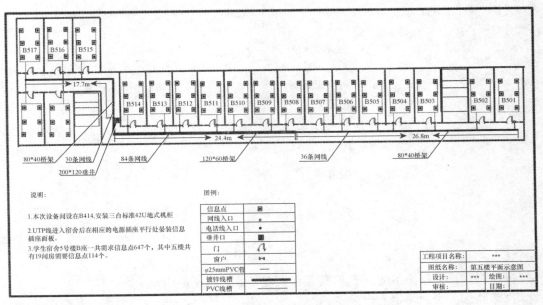

图 2—61　某学生宿舍楼层信息点和管线布线图

九楼配线间配线架 1

1	2	3	4	5	6	7	8	9	10	11	12	13	14	15	16	17	18	19	20	21	22	23	24
9082	9083	9084	9085	9086	9087	9088	9089	9091	9092	9093	9094	9095	9096	9097	9098	9099	9100	9101	9102	9103	9104	9105	9106

九楼配线间配线架 2

1	2	3	4	5	6	7	8	9	10	11	12	13	14	15	16	17	18	19	20	21	22	23	24
9107	9109	9110	9111	9112	9113	9114	9115	9116	9117	9118	9119	9120	9121	9122	9123	9124	9125	9126	9127	9128	9129	9130	9131

九楼配线间配线架 3

1	2	3	4	5	6	7	8	9	10	11	12	13	14	15	16	17	18	19	20	21	22	23	24
9132	9133	9134	9135	9136	9137	9138	9139	9140	9141	9142	9143	9144	9145	9146	9147	9148	9149	9150	9151	9152	9153	9154	9156

九楼配线间配线架 4

1	2	3	4	5	6	7	8	9	10	11	12	13	14	15	16	17	18	19	20	21	22	23	24
9157	9158	9161	9161	9162	9163	9165	9166	9167	9168	9169	9170	9171	9172	9173	9174	9175	9176	9177	9178	9179	9180	9181	9182

九楼配线间配线架 5

1	2	3	4	5	6	7	8	9	10	11	12	13	14	15	16	17	18	19	20	21	22	23	24
9183	9184	9185	9186	9187	9188	9189	9190	9191	9192	9193	9194	9195	9196	9197	9198	9199	9200	9202	9203	9204	9205	9206	9207

图 2—62　机柜配线架信息点布局图（用 Excel 表格生成）

　　目前综合布线设计图中的图例比较混乱，缺少统一的标识，在设计中可以参考采用如图 2—63 所示图例。

2．网络拓扑结构图的绘制

（1）利用 VISIO2010 根据以下网络需求画出对应的网络拓扑图。

企业简介：10 人左右，主要处理国内厂家与国外某销售商之间的货单。

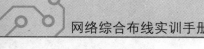

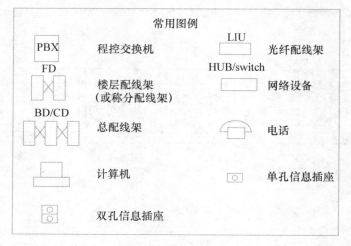

常用图例

PBX	程控交换机	LIU	光纤配线架
FD	楼层配线架（或称分配线架）	HUB/switch	网络设备
BD/CD	总配线架		电话
	计算机		单孔信息插座
	双孔信息插座		

图 2—63　设计图例

网络需求：只作简单的 E-mail 传接以及电子商务网站使用。

网络终端：大约需要 8 台台式 PC 机，一台网络打印机，一台小型文件共享服务器。

（2）绘制步骤。

● 在 VISIO2010 里面选择网络图的类型。

● 首先按照输出大小设置页面，设置打印尺寸与设计相同。

● 依次在模具里拖出路由器、防火墙、核心交换机、工作组交换机，并将其按拓扑结构连在一起。

● 加入标注说明、连线范例。

（3）实训环境。

安装了 VISIO2010 软件的计算机机房。

（4）教学学时。

2 学时。

3. 综合布线系统图的绘制

（1）根据以下网络需求画出对应的综合布线系统图。

● 利用 VISIO2010 某学校实训楼布线系统图。

● 要注意图的比例和标注。

● 实训楼结构：本楼共 5 层，2～5 层每层有三个机房，1 层有一个机房。每个机房都有一个楼层配线间（FD），建筑物配线间（BD）在 3 层。其中数据垂直干线采用 6 芯室内多模光纤，语音采用 25 对线缆。水平线缆全部使用超五类非屏蔽双绞线，所有面板采用双口面板，每个机房有 60 个数据点、3 个语音点。

图 2—64 所示为综合布线系统示意图。

（2）绘制步骤。

● 在 VISIO2010 里面选择系统图的类型。

● 首先按照输出大小设置页面，设置打印尺寸与设计相同。

● 然后根据需求手工绘制出各种网络系统图标。

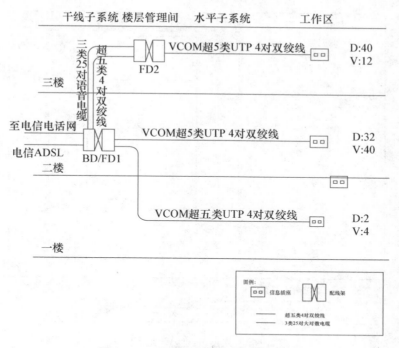

图 2—64　××办公楼综合布线系统图

● 加入标注说明、连线范例。

（3）实训环境。

安装了 VISIO2010 软件的计算机机房。

（4）教学学时。

2 学时。

4. 综合布线线管路由图的绘制

（1）利用 VISIO2010 画出某计算机机房对应的线管路由图。

（2）绘制步骤。

● 首先观察现场机房的布线情况以及度量好机房的长宽尺寸。

● 使用 VISIO2010 新建平面布置图来绘画。

● 按照输出大小设置页面，设置打印尺寸与设计相同。

● 两种线要设定不同的颜色。

● 画出必要的设备（机柜和稳压电源）。

● 标出线缆距离。

● 写出设计图的说明。

图 2—65 所示为综合布线线管路由示意图。

（3）实训环境。

安装了 VISIO2010 软件的计算机机房。

（4）教学学时。

2 学时。

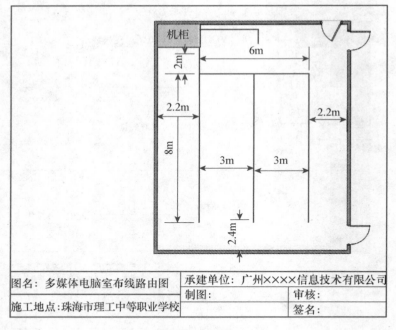

图名: 多媒体电脑室布线路由图	承建单位: 广州××××信息技术有限公司	
	制图:	审核:
施工地点:珠海市理工中等职业学校		签名:

图 2—65　综合布线线管路由示意图

5. 机柜大样图的绘制

（1）利用 VISIO2010 画出某学校网络中心设备间核心交换机机柜大样图。
图 2—66 所示为机柜大样图的示意图。

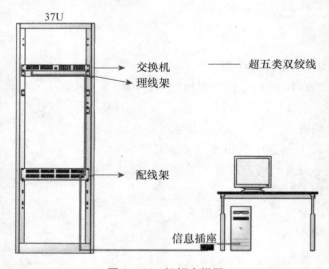

图 2—66　机柜大样图

（2）绘制步骤。

● 首先实地观察学校设备间机柜的尺寸和设备放置顺序、类型。

● 用 VISIO2010 新建机架图来绘画。

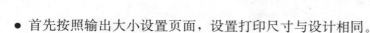

- 首先按照输出大小设置页面，设置打印尺寸与设计相同。
- 比例一定要协调。
- 标注所有设备名称以及其高度。
- 写出设计图的说明。

（3）实训环境。

安装了 VISIO2010 软件的计算机机房。

（4）教学学时。

2 学时。

6. 工作区子系统的平面图的绘制

（1）实训目标。

掌握分析实际工程的能力；掌握不同工作区设计的基本原则；并最终绘制平面设计图纸。

（2）实训内容。

工作区信息插座的安装应符合下列要求：

1）根据楼层平面计算每层楼的布线面积，确定信息插座安装位置。

- 安装在地面上的信息插座应采用防水和抗压的接线盒。
- 安装在墙面或柱子上的信息插座底部离地面的高度宜为 300mm。

2）根据设计等级，估算信息插座数量。

- 基本型设计，每 $10m^2$ 一个信息插座。
- 增强型或综合型设计，每 $10m^2$ 两个信息插座。

案例 1　根据基本型设计思路，完成单人办公室信息点位置和数量的设计

设计独立单人办公室信息点布局，信息插座可以设计为安装在墙面或地面两种，一般单人办公室尺寸为 3 米×4 米，也可以根据实际情况定义办公室的尺寸。

在绘图的过程中，要注意关键位置，特别是办公桌的位置，因为此位置确定了信息点的布局，如图 2—67 所示。

案例 2　根据增强型设计思路，完成独立多人办公室信息点位置和数量的设计

教师根据上课地点的实际情况，把机房或教室所在地点，改造成一个综合型的办公室。以下为设计的基本思路：

（1）首先量度好设计地点的面积尺寸，然后定义好办公室大门口位置。

（2）预算好信息、语音插座的数量（容纳员工数量）。

（3）确定好功能区域的划分（普通员工、前台、老总等，各个区域的划分面积要考虑实际使用人的需求）。

（4）要注意柱子位置。

（5）设计好隔断的位置，考虑是否要增加或者减少墙壁的数量来完善办公室的功能。设计图可参考图 2—68 和图 2—69，具体情况可以根据学生水平来适当增减。

（6）必须在图上用图例标出信息点的位置。

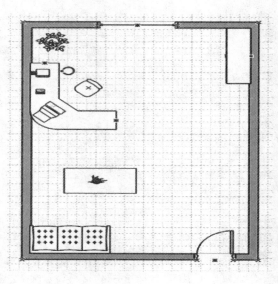

图 2—67

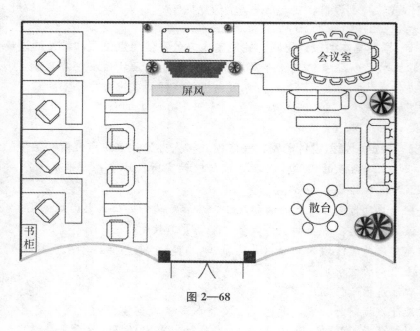

图 2—68

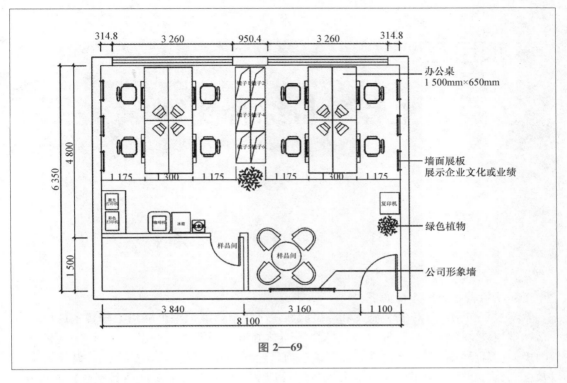

图 2—69

（3）实训过程。

完成上述案例的设计，使用 VISIO2010 软件，画出每一个案例的设计图，并写出自己的设想。

（4）实训环境。

安装了 VISIO2010 软件的计算机机房。

项目三

工程项目综合实训

工程项目教学组织建议如下：

教学过程包括设计、安装施工和测试验收三个环节，模拟整个网络工程实施过程。教师帮助学生设立工程项目管理机构，把全班同学分组，每组学生模拟一个网络工程公司，教师担任监理角色，每一组设立多个职位，项目经理1人、材料采购员1人、设计员1人以及施工员若干人，项目经理角色由教师进行指定，其他人员由每组项目经理负责安排，综合实训都以"公司"为单位完成。

实训 1   综合布线工程项目管理结构图的设计

1. 实训目标

让学生能更好地掌握综合布线项目管理的结构，为日后进一步进行综合实训打好基础。

2. 实训内容

利用 VISIO2010 绘图软件，绘制综合布线项目管理的结构图，图上的各种图标都能在软件上找到。可参考图 3—1 绘制。

3. 实训步骤

● 在 VISIO2010 里面选择结构图的类型。

● 然后根据需求手工绘制结构图图标。

● 加入标注说明、连线。

4. 实训环境

安装了 VISIO2010 软件的计算机机房。

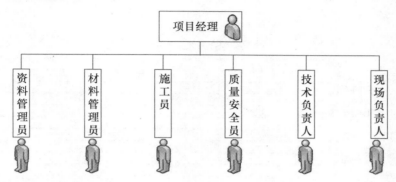

综合布线工程项目管理

一、工程项目管理组织图

二、工程项目管理要求

1. 制定现场管理制度
2. 现场例会
3. 监察和报告
4. 施工配合

三、工程项目管理内容

1. 技术管理
   图纸会审、技术交底、工程变更、编制现场施工方案、文档管理。
2. 施工人员管理
   人员档案、岗位职责、管理制度、技术培训、日常管理。
3. 材料管理
   材料订购、材料进场验收、入库管理、出库管理。
4. 安全管理
   安全制度、安全例会、安全现场会、安全检查、安全事故应急处理。
5. 质量管理
   QC 小组、材料质量控制、施工工艺质量控制。
6. 成本管理
   施工前计划、施工中控制（降低材料成本、节约管理费用）、工程完成后总结。
7. 施工进度管理
   施工进度表、施工配合。

图 3—1

5．教学学时

2 学时。

实训 2　综合布线工程施工进度表的绘制

1．实训目标

让学生能更好地掌握综合布线项目管理中的施工进度控制，施工进度控制在综合布线工程管理当中起到很重要的作用，施工时间往往会在工程合同上有限制，学生通过施工进度管理的学习，可以提高团队合作的能力。

2. 实训内容

利用 Office2007 或者 VISIO2010 绘图软件，绘制综合布线施工进度表，可参考图 3—2 绘制。

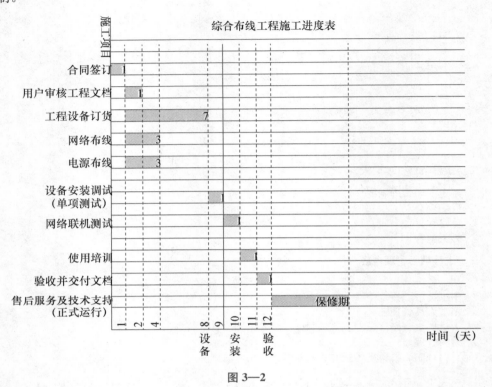

图 3—2

3. 实训步骤

施工进度表的制作只运用了计算机办公软件的基础知识，难度不大，教师可以让学生多点实训时间。

4. 实训环境

安装了 Office2007 或 VISIO2010 软件的计算机机房。

5. 教学学时

2 学时。

实训 3　综合布线工程材料估算

1. 实训目标

让学生能更好地掌握综合布线项目管理中的工程材料估算。

2. 实训内容

利用 Office2007 软件制作工程材料统计表，教师可以以上课所在计算机机房为实训模板，让学生统计此机房在建设前需要估算的材料总量。

3.　实训步骤

综合布线工程需要的材料很多，其中需要科学估算的有双绞线长度，水晶头、信息模块、面板和线槽线管的数量，其他材料及设备如配线架、机柜、光纤的数量等，可以根据实际情况进行统计。

以下为估算的方法：

（1）信息模块的需求量一般为：$m=n+n\times 3\%$，n：表示信息点的总量。

（2）现场压接跳线 RJ45 水晶头所需的数量一般用下述方式计算：

$$m=n\times 4\times (1+15\%)$$

式中：m——RJ45 的总需求量；

　　　n——信息点的总量；

　　　15%——留有的富余量。

（3）对槽、管的选择可采用以下简易方式：

$$槽（管）截面积=(n\times 线缆截面积)/[70\%\times (40\sim 50\%)]$$

式中：n——用户所要安装的槽（管）线数（已知数）；

　　　槽（管）截面积——要选择的槽管截面积；

　　　线缆截面积——选用的线缆面积，一般双绞线截面面积为 20mm^2；

　　　70%——布线标准规定允许的空间；

　　　40%~50%——线缆之间浪费的空间。

（4）每个楼层用线量的计算公式如下：

$$C=[\,0.55(L+S)+6\,]\times n$$

式中：C——每个楼层的用线量；

　　　L——区域内信息插座至楼层配线间的最远距离；

　　　S——区域内信息插座至楼层配线间的最近距离；

　　　6——端接容差 6m（损耗）；

　　　n——每层楼的信息插座（IO）的数量。

整座楼的用线量：$W=\sum MC$（M 为楼层数）。电缆订购数：标准 4 对双绞电缆 1 箱线长=305m，电缆订购数=W/305（箱）（不够一箱时按一箱计）。

教师可以以上课所在计算机机房为实训模板，让学生统计此机房建设需要的材料总量。材料统计表样式可以参考本书附录 2。

4.　实训环境

安装了 Office2007 的计算机机房。

5.　教学学时

4 学时。

实训 4　综合布线方案设计

本项目实训 4～实训 7，对学校实训场地要求比较高，而且最好配置有模拟实训墙，此模拟实训墙外观如图 3—3 和图 3—4 所示。

图 3—3　　　　　　　　　　　　　　　　　　　　图 3—4

以实训室中的模拟墙为对象，每人设计一个综合布线方案，并评选出最佳方案，作为最后的施工方案。

1.　设计步骤

设计一个合理的综合布线系统一般有 7 个步骤：

（1）分析用户需求。

（2）获取建筑物平面图。

（3）系统结构设计。

（4）布线路由设计。

（5）可行性论证。

（6）绘制综合布线施工图。

（7）编制综合布线用料清单。

综合布线的设计过程，可用图 3—5 所示的流程图来描述。

2.　综合布线系统设计方案的内容

（1）前言。

前言包括的内容有：客户的单位名称、工程的名称、设计单位（指施工方）的名称、设计的意义和设计内容概要。

（2）定义与惯用语。

这一部分应对设计中用到的综合布线系统的通用术语、自定义的惯用语做出解释，以利于用户对设计的精确理解。

（3）综合布线系统概念。

这一部分的内容主要是 ANSI/TIA/EIA 568（或 ISO/IEC 11801）所规定的综合布线系统的 6 个子系统的结构以及每个子系统所包括的器件，并应有 6 个子系统的结构示意图。

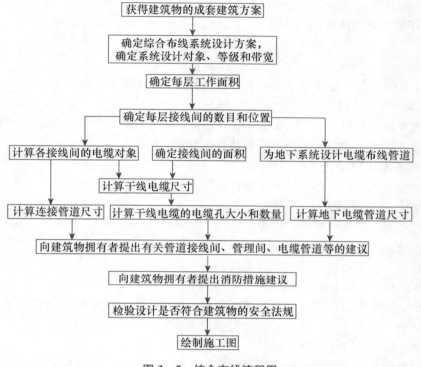

图 3—5　综合布线流程图

（4）综合布线系统设计。

1）概述。

①工程概况。

包括如下内容：建筑物的楼层数；各层房间的功能概况；楼宇平面的形状和尺寸；层高，各层的层高有可能不同，要列清楚，这关系到电缆长度的计算；竖井的位置，竖井中有哪些其他线路，如消防报警、有线电视、音响和自控等，如果没有专用竖井则要说明垂直电缆管道的位置；甲方选定的设备间位置；电话外线的端接点；如果有建筑群干线子系统，则要说明室外光缆入口；楼宇的典型平面图，图中标明主机房和竖井的位置。

②布线系统的总体结构。

包括该布线系统的系统图和系统结构的文字描述。

③设计目标。

阐述综合布线系统要达到的目标。

④设计原则。

列出设计所依据的原则，如先进性、经济性、扩展性、可靠性等。

⑤设计标准。

包括综合布线设计标准、测试标准和参考的其他标准。

⑥布线系统产品选型。

探讨下列选择：Cat 3、Cat 5e、Cat 6 布线系统的选择，布线产品品牌的选择，屏蔽与非屏蔽的选择和双绞线与光纤的选择。

2）工作区子系统的设计。

描述工作区的器件选配和用量统计。

3）配线子系统的设计。

配线子系统设计应包括信息点、信息插座和水平电缆设计三部分。

4）管理子系统的设计。

描述该布线系统中每个配线架的位置、用途、器件选配、数量统计和各配线架电缆卡接的位置图。描述宜采用文字和表格相结合的形式。

5）干线子系统的设计。

描述垂直主干的器件选配和用量统计以及主干编号规则。

6）设备间子系统的设计。

包括设备间、设备间机柜、电源、跳线、接地系统等内容。

7）布线系统工具。

列出在布线工程中所要使用到的工具。

（5）综合布线系统施工方案。

此部分内容作为设计的一部分阐述总的槽道敷设方案，而不用于指导施工，因此不包括管槽的规格，另有专门的给施工方的文档用于指导施工。

（6）综合布线系统的维护管理。

此部分内容包括布线系统竣工交付使用后，移交给甲方的技术资料，包括：信息点编号规则、配线架编号规则、布线系统管理文档、合同、布线系统详细设计和布线系统竣工文档（包括配线架电缆卡接位置图、配线架电缆卡接色序、房间信息点位置表、竣工图纸、线路测试报告）。

（7）验收测试。

在综合布线系统中有永久链路和通道两种测试，应对测试链路模型、所选用的测试标准和电缆类型、测试指标和测试仪作简略介绍。

（8）培训、售后服务与保证期。

包括对用户的培训计划、售后服务的方式以及质量保证期。

（9）综合布线系统材料总清单。

包括综合布线系统材料预算和工程费用清单。

（10）图纸（单独设计）。

包括图纸目录、图纸说明、网络系统图、布线拓扑图、管线路由图、楼层信息点平面图、机柜信息点分布图等。

3. 实训环境

计算机机房和布线实训室。

4. 教学学时

8学时。

实训5　工程项目安装施工

通过前面基本技能训练和图纸绘制等课程的学习后，即可进入工程项目综合实训课程。综合布线实训室的工程项目需要配备钢结构模拟建筑。

1. 施工训练前准备

在布线工程施工前，必须做好各项准备工作，保障工程开工后有步骤地按计划组织施工，从而确保综合布线工程的施工进度和工程质量。真正施工前的准备工作很多，基于模拟实训的特点，进行简要说明。

（1）图纸确认。

根据模拟实训的特点，在图纸方面着重选择布线系统图进行实训。根据教学情况选择学生制作的其中相对合理的系统图，或者采用标准的布线系统图，确认为布线安装的指导图纸。

（2）制定施工方案。

根据现场学生人数和实训室建设结构制作施工方案，施工方案的内容主要包括施工组织和施工进度，施工方案要做到人员组织合理，施工安排有序。施工主要采用分工序施工作业法，根据施工情况分阶段进行，合理安排交叉作业提高工效。

（3）施工场地准备

模拟建筑实训安装施工前，需要对场地做必要的准备和清理，其中电源和照明必须保持正常状态；施工用的切割、裁剪场地、操作台必须布置好；上次实训过后的施工残留线缆、线槽等需要拆卸完毕。

（4）材料及工具准备。

工程项目安装实训开始前，需要根据学生人数对所需材料，即布线材料、辅材等进行计算和清点，材料的配给采用专人进行管理和记录。根据学生各人实训的区别，分别派发工具，工具的详细说明参照工具功能清单。

（5）实训环境。

网络综合布线实训室。

（6）教学学时。

1学时。

2. 管槽安装

模拟建筑管槽部分的安装主要涉及金属槽、PVC线槽/线管等。线槽的安装应根据图纸要求，对各布线路由进行预定位，后根据各段路由长度计算材料用量，计算材料用量时需注意单段线槽的标准长度，尽量使每位学生手中的线槽长度接近安装长度，避免浪费。

（1）金属线槽安装。

金属线槽主要用于干线的布放，数量较少，安装所采取的原则为"横平竖直"，为使安装的管槽系统"横平竖直"，施工中可考虑弹线定位。根据施工图确定的安装位置，从始端到终端（先垂直干线定位再水平干线定位）找好水平或垂直线，用墨线袋沿线路中心位置弹线。

（2）PVC 槽安装。

PVC 槽的安装只涉及墙面明装的方式，即水平子系统线槽铺设。

墙面明装 PVC 线槽，线槽固定点间距一般为 1m，有直接向水泥中钉螺钉和先打塑料膨胀管再钉螺钉两种固定方式。水平线槽的安装高度与信息插座底盒高度一致，保持在离地面 300mm 左右。

水平干线、垂直干线布槽的方法是一样的，差别在于一个是横布槽，另一个是竖布槽。在水平干线与工作区交接处不易施工时，可采用金属软管（蛇皮管）或塑料软管连接。

（3）实训环境。

网络综合布线实训室。

（4）教学学时。

4 学时。

3．工作区子系统安装

根据模拟建筑规模的不同，工作区数量有一定差别，每个工作区皆设有暗装底盒，同时墙面可进行明装底盒的安装。

（1）安装位置。

工作区信息插座底盒的明装安装高度为离地面 300mm 左右，如模拟建筑墙面有破损，可避开破损位往上做一定的调整。暗装底盒因已经固化至墙体，安装位置不需调整即可实训操作。

（2）安装方式。

安装明装底盒需采用手电钻对墙面进行钻孔，然后将胶粒塞进孔口，并用锤子将胶粒锤到孔位之中，使胶粒尾部与墙体表面水平。一般 86 型明装底盒有十个可用于固定的孔位，钻孔前可选择对称的两个孔进行定位，然后用标识笔在墙面对应的位置进行画点定位。暗装底盒则端接完只需盖上面板即可。

（3）信息插座端接。

参考项目二实训 1 的相关内容。

（4）实训环境。

网络综合布线实训室。

（5）教学学时。

4 学时。

4．水平子系统安装

水平子系统布线安装实训需要进行暗装和明装训练。

（1）暗装线管布放。

暗装管道一般从配线间埋到信息插座安装孔。学生只要将 4 对双绞线电缆固定在信息插座的拉线端，从管道的另一端牵引拉线就可将电缆拉到配线间，此操作需两个人以上协作完成。

（2）明装线槽线缆布放。

墙壁线槽布线是一种短距离明敷方式。当已建成的建筑物中没有暗装管槽时，只能采用明装线槽或将电缆直接敷设的方法，线槽的横截面线缆需低于 70％的容量。

（3）实训环境。

网络综合布线实训室。

（4）教学学时。

2 学时。

5. 垂直干线子系统安装

在新的建筑物中，通常在每一层同一位置都有一个封闭型的小房间，称为弱电井（弱电间），该弱电井一般就是综合布线垂直干线子系统的安装场所，而旧楼改造工程中常常会遇到没有弱电井的情况，此时就用安装金属线槽的方式代替。钢结构模拟建筑中设有两层的管理间，垂直干线就位于管理间中。

（1）垂直干线线缆。

实训室垂直干线线缆为数据和语音两种，数据采用 4 对双绞线，语音采用 25 对大对数电缆。

（2）线缆布放。

在竖井中敷设干线电缆一般有两种方法，即向下垂放电缆和向上牵引电缆。基于模拟建筑的便利性，可选用向下垂放进行布放，布放的长度以端接的机柜配线架为基点，延长1 米的长度。布放工作需要两人以上同时协作完成。

（3）扎线要求。

垂直干线线缆的扎线在行业的新标准下，变得更加重要，主要体现在扎线的间距、扎线的力度、捆扎线缆的数量等方面。其中扎线的间距需根据线缆的捆扎数量调整，一般以1 米左右较为合适；扎线的力度需松紧适度，以避免扎线的扎带严重压迫线缆为原则；捆扎数量在早期的标准中没有太严格的要求，但新的 6A 类标准验收需增加外部串扰的测试，根据经验外部串扰对线缆的捆扎数量最为敏感，一般不能超过 12 根双绞线，所以在教学时即可要求学生以 12 根线缆为捆扎数的上限，避免日后在 6A 类布线系统施工时垂直主干和机柜线缆密集端接时产生测试故障。

（4）实训环境。

网络综合布线实训室。

（5）教学学时。

2 学时。

6. 设备间/管理间机柜及配线架安装

设备间/管理间机柜安装涉及 9U 和 42U 两种机柜。

（1）9U 机柜安装。

实训室使用的 19 英寸 9U 机柜安装在管理间，作为管理间配线架和垂直干线电缆的端接场所。因 9U 机柜为挂墙式安装，第一次实训时需根据机柜背板的安装孔计算距离，并在墙面上进行定位，然后用冲击钻攻出 4 个 80mm 深、10mm 直径的孔，将相应规格的膨胀螺丝锤压进去。完成后将机柜按螺丝位挂上去，采用螺母紧固即完成机柜的挂墙安装。

（2）42U 立式机柜安装。

42U 立式机柜摆放在模拟建筑设备间，其功能是给整个模拟建筑提供干线电缆的端接和出口线路的连接、交换，垂直度偏差、与墙壁距离、固定程度、接地等为其安装注意事项，详细内容可参考有关资料。

（3）配线架安装。

数据、语音、光纤配线架的安装和线缆端接可参考项目二的相关实训内容。

（4）实训环境。

网络综合布线实训室。

（5）教学学时。

2 学时。

实训 6   工程项目测试验收

由教师带领监理员、项目经理、布线工程师对工程施工质量进行现场验收，对技术文档进行审核验收。

1．现场验收

（1）工作区子系统验收。

1）线槽走向、布线是否美观大方、符合规范。

2）信息座是否按规范进行安装。

3）信息座安装是否做到一样高、平、牢固。

4）信息面板是否都固定牢靠。

5）标志是否齐全。

（2）水平干线子系统验收。

1）线槽安装是否符合规范。

2）线槽与线槽、线槽与槽盖是否接合良好。

3）托架、吊杆是否安装牢靠。

4）水平干线与垂直干线、工作区交接处是否出现裸线，有没有按规范操作。

5）水平干线槽内的线缆是否固定。

6）接地是否正确。

（3）垂直干线子系统验收。

垂直干线子系统的验收除了类似于水平干线子系统的验收内容外，还要检查楼层与楼层之间的洞口是否封闭，以防火灾出现时，成为一个隐患点。线缆是否按间隔要求固定，拐弯线缆是否留有弧度。

（4）管理间、设备间子系统验收。

1）检查机柜安装的位置是否正确；型号、外观是否符合要求。

2）跳线制作是否规范，配线面板的接线是否美观整洁。

（5）线缆布放验收。

1）线缆规格、路由是否正确。

2）对线缆的标号是否正确。

3）线缆拐弯处是否符合规范。

4）竖井的线槽、线固定是否牢靠。

5）是否存在裸线。

6）竖井层与楼层之间是否采取了防火措施。

（6）架空布线验收。

1）架设竖杆位置是否正确。

2）吊线规格、垂度、高度是否符合要求。

3）卡挂钩的间隔是否符合要求。

（7）管道布线验收。

1）管孔大小、位置是否合适。

2）线缆规格是否合适。

3）线缆走向是否合理。

4）防护设施是否合理。

（8）电气测试验收。

按项目二实训 8 中的认证测试要求进行。

2. 技术文档验收

（1）Fluke 的 UTP 认证测试报告（电子文档即可）。

（2）网络拓扑图。

（3）综合布线拓扑图。

（4）信息点分布图。

（5）管线路由图。

（6）机柜布局图及配线架上的信息点分布图。

3. 测试验收工具

线缆认证测试分析仪。

4. 实训环境

模拟建筑物。

5. 教学学时

2 学时。

实训 7　投标文件的制作

1. 实训目标

通过制作投标文件，理解工程投标的内容和要求，深入掌握工程项目投标的过程和相关投标文件的制作。

2. 实训内容

完成以下文档的编写：

（1）投标文件目录；

（2）投标报价一览表；

（3）报价货物数量、价格；

（4）布线工程平面图。

3．实训步骤

本实训是设计一座 6 层高宿舍楼的综合布线系统，其中在第 1 层有一个房间用来做设备间，宿舍楼的 1、2、6 层有 17 间房，3、4、5 层有 19 间房，每间房住 6 人。根据用户需求，按一人一个信息插座的要求配置综合布线系统。

工程名称：某学院学生宿舍楼综合布线工程。

地理位置：学生宿舍区。

建筑物数量：6 层建筑物 1 栋。

（1）阅读工程案例，了解基本情况；

（2）完成投标文件目录的编写；

（3）制作投标报价一览表；

（4）制作报价货物数量、价格表；

（5）布线工程平面图。

4．实训总结

分步陈述实训步骤以及安装注意事项，写出实训体会和操作技巧，完成实训报告，写出实训心得。

● 项目四

监控设备安装与调试

实训 1　视频监控 BNC 头的制作

1. 实训目的

熟练掌握视频监控 BNC 头的制作方法。

2. 实训工具

(1) BNC 头，如图 4—1 左图所示。

(2) 75—5 同轴电缆，如图 4—1 右图所示。

(3) 电烙铁，如图 4—2 所示。

(4) 剥线剪刀，如图 4—3 所示。

图 4—1

图 4—2　电烙铁

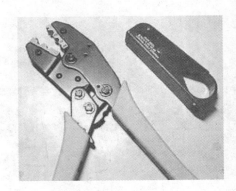

图4—3 剥线剪刀

3. 实训步骤

学生分组进行 BNC 头的制作过程，教师指挥组长分配好工具和耗材。

（1）剥线。

同轴电缆由外向内分别为保护胶皮、金属屏蔽网线（接地屏蔽线）、乳白色透明绝缘层和芯线（信号线），芯线由一根或几根铜线构成，金属屏蔽网线是由金属线编织的金属网，内外层导线之间用乳白色透明绝缘物填充，内外层导线保持同轴故称为同轴电缆。剥线时用小刀将同轴电缆外层保护胶皮剥去 1.5cm，小心不要割伤金属屏蔽线，再将芯线外的乳白色透明绝缘层剥去 0.6cm，使芯线裸露。如图 4—4 所示。

图 4—4 剥线

（2）连接芯线，如图 4—5 所示。

焊接式BNC接插件

电缆对应BNC孔位

图 4—5 连接芯线

（3）装配 BNC 接头。

连接好芯线后，先将屏蔽金属套筒套入同轴电缆，再将芯线插针从 BNC 接头本体尾部孔中向前插入，屏蔽层拧成一根从侧面孔中穿出来，如图4—6所示。

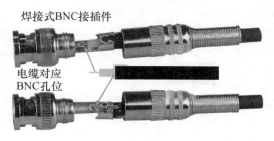

焊接式BNC接插件

电缆对应
BNC孔位

图 4—6

（4）焊接。

用电烙铁将芯线和屏蔽层分别焊接在 BNC 头上的两个焊接点上（芯线在里面，屏蔽层在外面），套上软塑料绝缘套和尾套即可，如图4—7所示。

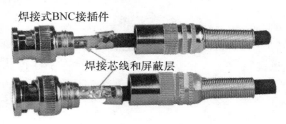

焊接式BNC接插件

焊接芯线和屏蔽层

图 4—7

4．实训环境

网络综合布线实训室。

5．实训题目

教师可以给每个学生分配两个 BNC 头和一段同轴电缆，在限定时间内要求完成操作，具体时间根据学生实际情况定义，完成后让每组学生代表来进行比赛测试。

6．实训总结

分步陈述实训步骤以及安装注意事项，写出实训体会和操作技巧，完成实训报告，写出实训心得。

7．教学学时

2 学时。

实训 2　监控摄像头的安装

1．实训目标

熟练掌握监控摄像头的安装过程。

2．实训设备

监控摄像头、支架螺丝刀以及制作好的 BNC 头和同轴电缆。

3. 实训步骤

步骤一：取出支架，准备好工具和零件：涨塞、螺丝、螺丝刀、小锤、电钻等；按事先确定的安装位置，检查好涨塞和自攻螺丝的大小型号，试一试支架螺丝和摄像机底座的螺口是否合适，预埋的管线接口是否已处理好，测试电缆是否畅通，就绪后进入安装程序。

步骤一

步骤二：取出摄像机和镜头，按照事先确定的摄像机镜头型号和规格，仔细装上镜头（红外摄像机和一体式摄像机不需安装镜头），注意不要用手碰镜头和CCD（图中标注部分），确认固定牢固后，接通电源，连通主机或现场使用监视器、小型电视机等，调整好光圈、焦距。

步骤二

勿用手模碰

步骤三：取出支架、涨塞、螺丝、螺丝刀、小锤、电钻等工具，按照事先确定的位置，装好支架。检查牢固后，将摄像机按照约定的方向装上。确定安装支架前，最好先在安装的位置通电测试一下，以便得到更合理的监视效果。

步骤三

步骤四：如果室外或室内灰尘较多，需要安装摄像机护罩，在步骤二后，直接跳至这里开始安装护罩。

（1）打开护罩上盖板和后挡板；

（2）抽出固定金属片，将摄像机固定好；

（3）将电源适配器装入护罩内；

（4）复位上盖板和后挡板，理顺电缆，固定好，装到支架上。

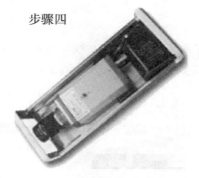

步骤四

步骤五：把焊接好的视频电缆 BNC 插头插入视频电缆的插座内（用插头的两个缺口对准摄像机视频插座的两个固定柱，插入后顺时针旋转即可），确认固定牢固、接触良好。

步骤五

步骤六：将电源适配器的电源输出插头插入监控摄像机的电源插口，并确认牢固度。注意摄像机的电源要求：一般普通枪式摄像机使用 500～800mA，12V 电源，红外摄像机使用 1 000～2 000mA，12V 电源，请参照产品说明选用适合的产品。

步骤六

步骤七：把电缆的另一头按同样的方法接入控制主机或监视器（电视机）的视频输入端口，确保牢固、接触良好。如果使用画面分割器、视频分配器等后端控制设备，请参照具体产品的接线方式进行安装。

步骤八：接通监控主机和摄像机电源，通过监视器调整摄像机角度到预定范围，并调整摄像机镜头的焦距和清晰度，进入录像设备和其他控制设备调整工序。

4．实训环境

网络综合布线实训室。

5．实训题目

教师可以给每组学生分配两个 BNC 头，一段同轴电缆和一台摄像机，在限定时间内要求完成操作，然后分别连接到监控主机上进行测试，要求能看清楚录像画面，对焦要清晰。

6．实训总结

分步陈述实训步骤以及安装注意事项，写出实训体会和操作技巧，完成实训报告，写出实训心得。

7．教学学时

4 学时。

实训 3　XTE 视频软件的安装及用户管理

1．实训目标

掌握视频 XTE 监控软件的安装调试方法；

掌握视频 XTE 监控软件的用户管理方法。

2．实训内容

教师把视频监控软件分发给每个学生进行安装，学生分组通过视频监控软件对摄像头进行连接控制。

3．实训步骤

（1）将 XTE 视频监控软件安装盘分发给学生，让学生分组安装在实训室里的计算机上。

（2）连接视频监控服务器和摄像头并设置监控软件。

1）打开软件登录界面，输入默认用户名和密码"xte"。

2）点击左边的"监控管理"选项，通过"添加设备"选项搜索已连接摄像头（见图4—8）。

3）将搜索到的摄像机与电脑主机设置为同一个网段（例如，192.168.1.×××），然后添加设备管理分组，命名为组号，如图4—9所示。

4）通过监控选项添加监控分组，点击监控画面，完成一个摄像头的添加。

5）点击监控画面查看摄像头连接情况。

（3）视频监控软件的用户管理。

1）点击主界面左下方的"系统工具"，再点击"用户管理"，可进入用户管理配置界面。

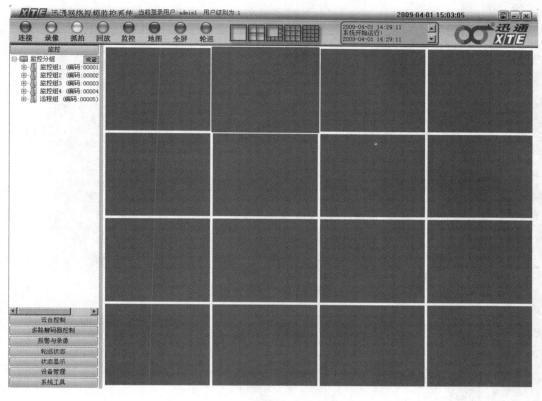

图 4—8　已连接摄像头

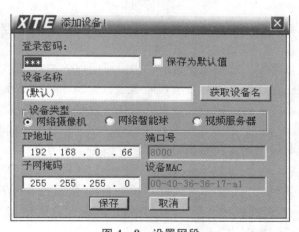

图 4—9　设置网段

2）添加用户：用户级别分为 3 级，注意添加新用户后，默认的"xte"用户将失效。1 级为管理员用户，可以使用所有操作，添加新用户时必须先添加管理员用户。如图 4—10 所示。

3）修改用户：选中用户列表中需要修改的用户，点击修改用户则可以修改该用户。可以修改用户的密码及用户的级别，但不能修改用户名。

图 4—10　添加用户

4）删除用户：选中用户列表中需删除的用户，点击"删除用户"则可以删除该用户。注意：删除用户时至少保留一个管理员用户，不能删除所有的管理员用户。

4. 实训环境

网络综合布线实训室。

5. 实训题目

教师给每组学生分配两个 BNC 头，一段同轴电缆和一台摄像机，要求在一定的时间段内完成下面的操作，建议时间为 30～40 分钟，开始与结束时间由教师安排。然后分别连接到监控主机上进行测试，要求能看清楚图像画面，对焦清晰，最后完成以下视频监控测试。

在网络视频监控系统中，特别是在有多台摄像机组成的网络视频监控系统中，一般都不是一台监视器对应一台摄像机进行显示，而是通过画面分割器把几台摄像机送来的图像信号进行合成同时显示在一台监视器上，也就是在一台较大屏幕的监视器上，把屏幕分成几个面积相等的小画面（四画面、九画面、十六画面），每个小画面显示一个摄像机送来的图像，再通过长延时录像把几个图像记录下来，以备事后查寻。

视频监控施工：

（1）监控视频使用本项目配有的软件"讯通网络视频监控系统"，默认用户名为：xte；默认密码为：xte。监控视频连接为内网连接，所以有单独的 IP 地址，默认网关设置为：10.1.129.254；子网掩码为：255.255.254.0。

（2）监控视屏开启后，使用屏幕中的四画面观看，屏幕影像清晰，模糊程度小，使用手动调焦的方式调试，视频设置处于背光状态。

（3）视频显示方式：处于四画面的第四号画面中，画面影像名称为：zhbx04；视频监控分组命名为：FSNA；其余的设置由学生决定。

（4）在完成测试后开始录制录像，录制 1 分钟视频，然后暂停 2 分钟后再录制 1 分钟视频。并在录像结束后 2 分钟内截图 5 幅，文件保存在桌面"视频测试"文件夹里。

6. 实训总结

分步陈述实训步骤以及安装注意事项，写出实训体会和操作技巧，完成实训报告，写出实训心得。

7. 教学学时

3 学时。

实训 4　工程项目验收

1. 实训目标

通过视频监控系统分项集成，系统联合调试，使学生掌握分体调试和联合调试的方法和细节；通过视频监控系统安装后的自查互查，不断调试优化，写出系统设备安装调试报告。通过对完成实训的评价，使学生了解视频监控系统验收注意事项。

2. 实训步骤

进一步对前面实训完成的安装调试的设备，做进一步的联合调试；一方面小组内部根据检查标准实现自查和互查，另一方面对完成的实训按照评价标准进行评价。

（1）单项设备调试。

单项设备调试一般应在安装之前进行，有些单项设备自身单独可能不便于进行调试或测试，可以与配套设备共同进行单项调试。能够进行单项调试的设备以及调试的内容包括：

1）摄像机的电气性能：包括摄像机清晰度、摄像机背景光补偿（BLC）、摄像机最低照度、摄像机信噪比、摄像机自动增益控制（AGC）、摄像机电子快门（ES）、摄像机白平衡（WB）以及摄像机同步方式。

2）镜头的调整。

3）解码器自检：通过测量其输出端电压实现自检。

4）云台转动角度限位的测试。

5）其他一些能独立进行调试的设备。

需要配套进行调试的设备包括：

1）矩阵切换和控制的调试：需要和带云台的摄像机一起联合调试，进行切换功能和控制功能以及矩阵自身权限功能调试；

2）硬盘录像机：需要和带云台的摄像机一起联合调试，进行监视、录像、回放和远程权限功能调试。

（2）分系统调试。

分系统调试包括按功能划分调试和按设备所在区域划分调试。一般而言，传输系统调试都采用按功能划分调试；图像信号、控制信号以及设备行为的调试则既按功能又按所在区域进行调试。

（3）监控系统的一般故障和诊断方法。

1）线路是否通畅：包括视频线路、控制线路和电源线路；

2）监控设备 IP 地址是否设置正确：地址设置应该与控制设备地址设置对应。

（4）系统施工质量验收表。

通过以上各项检查，填写系统施工质量验收表，见表4—1。

表 4—1   视频监控系统分项工程质量验收记录表

单位（子单位）工程名称			
分项工程名称			
施工单位			
施工执行标准名称及编号			
检测项目（主控项目）			检查评定记录
1	设备功能	云台转动	
		镜头调节	
		图像切换	
		防护罩效果	
2	图像质量	图像清晰度	
		抗干扰能力	
3	系统功能	监控范围	
		设备接入率	
		完好率	
		矩阵主机 切换控制	
		编程	
		巡查	
		记录	
		数字视频 主机死机	
		显示速度	
		联网通信	
		存储速度	
		检索	
		回访	
4	联动功能		
检测意见：			
监理工程师签字： 检测机构负责人签字： （建设单位项目专业技术负责人） 日期： 日期：			

3. 实训环境

网络综合布线实训室。

4. 实训总结

分步陈述实训步骤以及安装注意事项，写出实训体会和操作技巧，完成实训报告。

5. 教学学时

4 学时。

● 附录 1

实训报告模板

实训课程		学生姓名		实训日期	
实训场地		实训主题			
实训过程					
实训总结					
学生签名			教师签名		

实训工具材料清单样本

序号	设备及材料名称	规格	备注
1	FLCK 网络线缆测试仪	含通道及永久链路模式测试模块	超五类线缆
2	光纤熔接机		
3	光纤配线架	不少于 4 端口	
4	光纤耦合器	SC 接头，多模	
5	尾纤	A1b−62.5/125 多模光纤，SC 尾纤/1 米	
6	4 芯室内多模光纤	A1b−62.5/125 多模光纤	
7	热缩套管	40mm	
8	超五类网络配线架	模块式、24 端口	
9	理线架	型号：PP＝MA	
10	超五类非屏蔽信息模块		
11	86 型信息点面板	单口	配套安装螺丝
12	86 型信息点面板	双口	配套安装螺丝
13	信息点底盒	86 型	配套安装螺丝
14	大对数语音线缆	25 对	
15	110 配线架（配套连接端块）	配套	
16	语音交换机	含电源线	
17	电话机		配套安装螺丝
18	语音电话线	三类 4 芯	
19	语音鸭嘴跳线	RJ11-1 对 110/1.5 米	
20	RJ11 水晶头		
21	RJ45 水晶头		
22	跳线护套		
23	螺丝	20mm 自攻螺丝	
24	机柜螺丝		
25	线缆护套	黄蜡管 30mm	
26	超五类非屏蔽双绞线		

续前表

序号	设备及材料名称	规格	备注
27	BNC 接头		
28	同轴电缆	视频监控	
29	彩色摄像机		
30	摄像机镜头	9～22mm、手动变焦、自动光圈	
31	网络视频服务器		
32	监控系统平台软件	与视频服务器配套	
33	摄像机测试卡		
34	电源插座	新国标、5 米线长、六位	含三个二位插座
35	标签	3cm×1.5cm	
36	扎带	3mm×150mm	
37	贴纸	标签贴纸（2×1mm）	
38	记号笔	油性笔	
39	铅笔	2B	
40	线槽	60×22PVC 线槽/3.8m	
41	线槽	24×14PVC 线槽/3.8m	
42	线槽	39×19PVC 线槽/3.8m	
43	PVC 线管	20PVC 线管/3.8m	
44	PVC 槽配件	39×19PVC 难燃线槽内角	
45	PVC 槽配件	39×20PVC 难燃线槽端头	
46	PVC 槽配件	39×21PVC 难燃线槽三通	
47	PVC 槽配件	39×21PVC 难燃线槽水平直角弯	
48	PVC 槽配件	20PVC 线管弯头	
49	PVC 槽配件	20PVC 线管三通	
50	PVC 槽配件	20PVC 线管管卡	
51	线槽剪		
52	电动螺丝刀		
53	号码管		
54	剪线钳		
55	手持锯弓和配套钢锯条		
56	2 米钢卷尺		
57	不锈钢角尺 300mm		
58	三夹板		

图书在版编目（CIP）数据

网络综合布线实训手册/何文坚主编. —北京：中国人民大学出版社，2013.8
中等职业教育计算机应用系列规划教材
ISBN 978-7-300-17989-6

Ⅰ.①网… Ⅱ.①何… Ⅲ.①计算机网络-布线-中等专业学校-教学参考资料 Ⅳ.①TP393.03

中国版本图书馆 CIP 数据核字（2013）第 199710 号

中等职业教育计算机应用系列规划教材
网络综合布线实训手册
主编　何文坚
参编　赵国斌　欧钧陶　吴　彬　刘径平

出版发行	中国人民大学出版社			
社　　址	北京中关村大街 31 号		**邮政编码**	100080
电　　话	010－62511242（总编室）		010－62511770（质管部）	
	010－82501766（邮购部）		010－62514148（门市部）	
	010－62515195（发行公司）		010－62515275（盗版举报）	
网　　址	http://www.crup.com.cn			
经　　销	新华书店			
印　　刷	天津中印联印务有限公司			
规　　格	185 mm×260 mm　16 开本		**版　　次**	2013 年 10 月第 1 版
印　　张	5		**印　　次**	2021 年 9 月第 5 次印刷
字　　数	107 000		**定　　价**	15.00 元

教师信息反馈表

　　为了更好地为您服务，提高教学质量，中国人民大学出版社愿意为您提供全面的教学支持，期望与您建立更广泛的合作关系。请您填好下表后以电子邮件或信件的形式反馈给我们。

您使用过或正在使用的我社教材名称		版次	
您希望获得哪些相关教学资料			
您对本书的建议（可附页）			
您的姓名			
您所在的学校、院系			
您所讲授课程的名称			
学生人数			
您的联系地址			
邮政编码		联系电话	
电子邮件（必填）			
您是否为人大社教研网会员	□ 是，会员卡号：＿＿＿＿＿＿＿＿＿＿ □ 不是，现在申请		
您在相关专业是否有主编或参编教材意向	□ 是　　　　□ 否 □ 不一定		
您所希望参编或主编的教材的基本情况（包括内容、框架结构、特色等，可附页）			

我们的联系方式：北京市海淀区中关村大街甲 59 号
人民大学文化大厦 1508 室
中国人民大学出版社　教育分社
邮政编码：100872
电话：010-62515905
网址：http://www.crup.com.cn/jiaoyu/
E-mail：llhong2605@vip.sina.com